바빠 시리즈

초등 입학 전후, 즐거운 공부 기억을 만드는 시간!

7살 첫 수학
동전과 지폐 세기

벌써 알아요!

이지스에듀

지은이 **이상숙(진주쌤)**

초등 수학 교재를 개발해 온 22년 차 기획 편집자이자 목동에서 아이들을 가르치고 있는 수학 선생님입니다. 삼성출판사, 동아출판사, 천재교육 등에서 17년 동안 근무하며 초등 수학을 대표하는 브랜드 교재들의 개발에 참여했습니다. 현재는 회원 수 16만 명의 네이버 [초등맘 카페]에서 수학 교육 자문 위원으로 활동하고 있습니다. 유튜브 [초등맘 TV]에서 '옆집아이 수학공부법' 코너를 진행하고 있으며, 유튜브 [목동진주언니]에서 학부모님을 위한 다양한 수학 콘텐츠를 제공하며 활발히 소통 중입니다.

그린이 **차세정**

인터넷 웹툰 [츄리닝 소녀 차차], [차차 좋아지겠지], [차차 나아지겠지] 등을 연재하며 많은 사람들의 사랑을 받은 작가입니다. 현재는 두 딸의 엄마가 되어, 아이들이 놀이하듯 즐겁게 공부하길 바라며 『7살 첫 수학』, 『7살 첫 국어』, 『7살 첫 한자』, 『7살 첫 영어』 시리즈의 그림을 그리고 있습니다.

감수 **김진호**

서울교육대학교, 한국교원대학교, 미국 Columbia University에서 수학교육학으로 각각 학사, 석사, 박사 학위를 취득하고 현재는 대구교육대학교 수학교육과에서 교수로 재직 중입니다. '학습자 중심 수학 수업'을 중심 주제로 약 100여 편의 논문을 발표했습니다. 또한, 100여 권의 책을 집필 또는 번역하고, 『7살 첫 수학』 시리즈의 감수를 진행했습니다. 현재는 2022 개정 교육과정에 따른 국정 1-2학년군 수학교과용 도서 집필 책임자로 활동 중입니다.

7살 첫 수학 – 동전과 지폐 세기

초판 1쇄 발행 2023년 8월 25일
초판 5쇄 발행 2025년 3월 15일
지은이 징검다리 교육연구소, 이상숙(진주쌤)
발행인 이지연
펴낸곳 이지스퍼블리싱(주)
출판사 등록번호 제313-2010-123호
주소 서울시 마포구 잔다리로 109 이지스빌딩 5층(우편번호 04003)
대표전화 02-325-1722   팩스 02-326-1723
이지스퍼블리싱 홈페이지 www.easyspub.com   이지스에듀 카페 www.easysedu.co.kr
인스타그램 @easys_edu   바빠 아지트 블로그 blog.naver.com/easyspub
페이스북 www.facebook.com/easyspub2014   이메일 service@easyspub.co.kr

본부장 조은미   기획 및 책임 편집 박지연, 정지연, 이지혜
표지 및 내지 디자인 정우영, 손한나, 김용남   인쇄 명지북프린팅   마케팅 라혜주
영업 및 문의 이주동, 김요한(support@easyspub.co.kr)   독자 지원 김수경, 박애림

ISBN 979-11-6303-492-6 64410
ISBN 979-11-6303-135-2(세트)
가격 9,800원

• **이지스에듀**는 이지스퍼블리싱의 교육 브랜드입니다.
  (이지스에듀는 아이들을 탈락시키지 않고 모두 목적지까지 데려가는 책을 만듭니다!)

초등 수학 교과서에 나오는 수와 연산의 기초를 '동전과 지폐'로 다질 수 있어요!

화폐는 초등 수학 교과서에서 '수와 연산' 학습을 위한 소재로 자주 등장합니다. 그런데 신용카드의 시대가 되면서 아이들이 동전과 지폐를 사용할 기회가 많이 사라진 것이 현실입니다.

이 책은 아이들이 '돈'에 대한 지식을 얻고 실제로 돈을 세고 사용하는 상황을 통해, 신용카드와 핸드폰으로 대체된 물건값의 지불을 화폐로 해 보는 귀한 경험을 제공합니다.

✅ 돈으로 배우면 큰 수 단위도 금방 이해해요!

돈이 얼마인지 계산하는 것은 실제로는 아주 큰 수를 계산하는 것입니다. 이런 큰 수 계산을 종이에 적어 한다면, 많은 아이가 어려워합니다. 하지만 동전이나 지폐를 가지고 하면 큰 수로 의식하지 않고 계산하게 되지요. 이렇게 생활 속에서 자연스럽게 학습하면 큰 수의 뛰어 세기와 덧셈도 어렵지 않게 받아들일 수 있답니다.

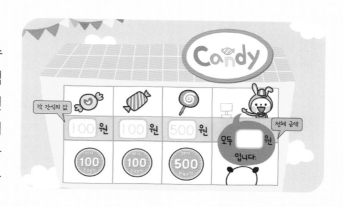

✅ 실제 지폐를 이용해 돈의 크기를 익히도록 도와주세요!

네 자리 수 이상의 크기인 지폐의 단위를 수의 크기로 접근하면 매우 어려운 내용입니다. 실제로 네 자리 수의 뛰어 세기는 초등학교 2학년 2학기에 배우는 내용이니까요. 아이가 화폐의 계산을 어려워해도 자연스러운 현상입니다. 이럴 때는 화폐 모형이나 실제 돈을 사용하여 아이들이 하나하나 세어 가며 돈의 크기를 익힐 수 있도록 도와주세요. 지폐 세기가 삭막한 놀이가 되지 않게 학습이라는 강박관념에서 벗어나 아이에게 맞추고 많이 기다려 주세요. 연산 연습은 자연스럽게 되니까요!

✅ '용돈과 심부름' 코너로 놀이처럼 즐겁게 배워요!

수학을 시작하는 아이에게 가장 좋은 학습이란 놀이를 통해 자연스럽게 이어져야 합니다. 이 책은 날짜별 마지막 쪽에 '용돈과 심부름' 코너를 통해, 아이가 스스로 용돈을 계산하고 심부름하는 간접 경험을 하도록 했습니다. 아이들은 시장 놀이를 통해 돈으로 물건을 사 보고, 내가 고른 물건의 가격을 계산해 보며, 수 감각과 더불어 돈에 대한 감각도 키울 수 있습니다!

그리고 가장 중요한 한 가지! 어린 시절에 경험한 '학습의 즐거움'이 '자기 주도 학습' 능력을 높여 줍니다. 공부하는 시간이 행복한 기억이 되도록 격려와 칭찬을 아끼지 말아 주세요!

이 책으로 놀이하듯 공부하면 '수학적 사고력'이 생겨요!

1 아이와 함께 동전과 지폐 이야기를 나누어요!
본 학습에 들어가기 전, 동전과 지폐에 대한 이야기를 나누며 화폐에 대한 흥미를 이끌어 주세요.

2 따라 쓰며 개념을 익혀요!
아이가 화폐 세는 방법을 큰 소리로 읽고 따라 쓰며 개념을 익혀요.

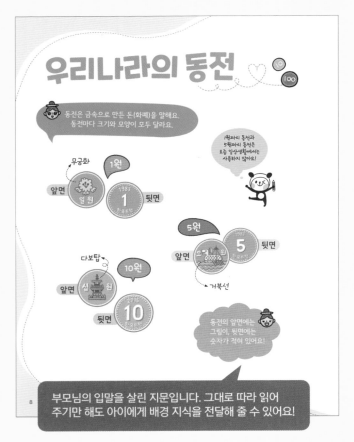

부모님의 입말을 살린 지문입니다. 그대로 따라 읽어 주기만 해도 아이에게 배경 지식을 전달해 줄 수 있어요!

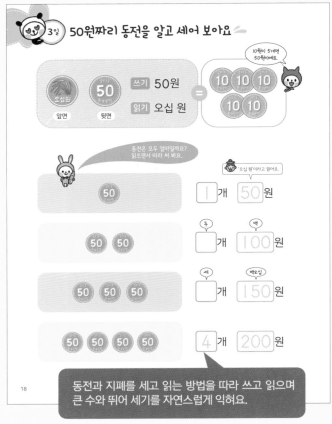

동전과 지폐를 세고 읽는 방법을 따라 쓰고 읽으며 큰 수와 뛰어 세기를 자연스럽게 익혀요.

부모님, 이렇게 칭찬해 주세요!
칭찬은 아이들 자존감 형성의 기본!
7살 첫 수학, 공부 기술을 가르치기보다 공부의 즐거움을 맛보게 해 주세요!

3 문제를 풀며 개념을 다져요!

이제는 문제를 직접 풀어 봅니다. 아이가 직접 하나하나 해결할 수 있도록 기다려 주세요.

4 생활 속에서 화폐에 대한 감각을 키워요!

아이가 스스로 용돈을 계산하고 심부름하는 간접 경험을 하며 즐겁게 마무리해요.

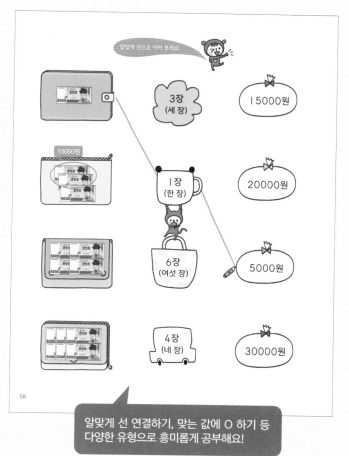

알맞게 선 연결하기, 맞는 값에 O 하기 등 다양한 유형으로 흥미롭게 공부해요!

용돈을 받고 심부름을 하는 상황을 통해 접근하니 흥미는 배가 되고, 학습 효과도 커져요!

부모님, 아이가 이 책을 어려워하면 이렇게 지도해 주세요!

아이들이 화폐 세기를 어려워한다면 실제 동전을 이용해 10원짜리가 5개이면 50원, 10원짜리가 10개이면 100원이 되는 걸 눈으로 보여주세요! 또 천 원짜리 지폐를 넣으면 100원짜리 동전 10개가 나오는 기계에서 잔돈으로 교환해 보세요! 그 자리에서 몇 개인지 맞혀 보면 재미있는 놀이가 될 거예요!

차 례

19일 후,
마트에 갔을 때
물건 값이 얼마인지
알 수 있어요!

첫째 마당 · 우리나라 동전을 알아요!

우리나라에서 사용하는 동전은 10원, 50원, 100원, 500원짜리가 있어요. 이 동전들은 뛰어 세기를 익히는 데 아주 좋은 도구예요. 100보다 큰 수는 초등 2학년 수학 교과서에서 다루지만 아이들은 이미 생활 속에서 큰 수를 사용하고 있습니다. 동전을 이용해 큰 수와 뛰어 세기를 자연스럽게 익히도록 도와주세요! 생활 속에서 놀이로 접근하면 더 쉽게 익힐 수 있으니까요.

실제 동전을 이용하면 좋아요!

7살 아이에게 수를 뛰어 세는 개념은 아직 어려울 수 있으니, 실제 동전이나 동전 모형을 이용해 직관적으로 이해하도록 도와주세요. 동전을 만진 후에는 반드시 손을 닦도록 지도하는 것도 잊지 마세요.

우리나라의 동전

 동전은 금속으로 만든 돈(화폐)을 말해요.
동전마다 크기와 모양이 모두 달라요.

1원짜리 동전과
5원짜리 동전은
요즘 일상생활에서는
사용하지 않아요!

무궁화
1원
앞면  뒷면

5원
뒷면
앞면
거북선

다보탑
10원
앞면
뒷면

동전의 앞면에는
그림이, 뒷면에는
숫자가 적혀 있어요!

동전의 뒷면을 보면 동전이 만들어진 연도와
우리나라의 돈을 만드는 곳을 알 수 있어요.

50원

앞면

2013
50
한국은행

오십원

뒷면

동전이 만들어진 연도

우리나라의 돈을 만드는 곳

벼 이삭

우리나라에서 가장
많이 사용하는 동전은 100원이고,
크기가 가장 큰 동전은
500원이에요.

100원

앞면

백원

이순신

2015
100
한국은행

뒷면

50원, 100원,
500원짜리 동전은
색이 같아요!

500원

학

앞면

오백원

2013
500
한국은행

뒷면

10원짜리 동전을 알고 세어 보아요

> '10원'이라고 쓰고
> '십 원'이라고 읽어요.

앞면　　　뒷면

쓰기 10원

읽기 십 원

동전은 모두 얼마일까요?
읽으면서 따라 써 봐요.

> '일십 원'이라고 읽지 않고,
> '십 원'이라고 읽어요!

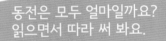

한
| 1 |개　| 10 |원

| 2 |개　| 20 |원

세
| |개　상십 | |원

| 4 |개　| 40 |원

다섯 **5** 개 오십 **50** 원

여섯 개, 육십 원!

6 개 **60** 원

일곱 ☐ 개 칠십 **70** 원

여덟 **8** 개 팔십 ☐ 원

아홉 개, 구십 원!

9 개 **90** 원

★ 10원의 개수를 세어 얼마인지 알아보는 활동은 초등 수학 1학년 과정의 '10씩 뛰어세기'와 같은 개념이에요.
★ 띄어쓰기 조심하세요! 10원은 붙이고 십 원은 띄어 써요.

저금통에 얼마가 들어 있나요? ◯ 해 보세요.

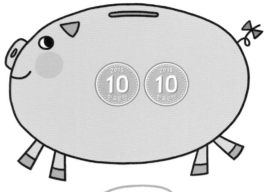

(10원 　20원　 30원)

(30원　 40원　 50원)

(30원　 40원　 50원)

(50원　 60원　 70원)

(50원　 60원　 70원)

(70원　 80원　 90원)

심부름을 하고 받을 수 있는
용돈에 알맞게 선으로 이어 보세요.

50원

60원

30원

70원

100원짜리 동전을 알고 세어 보아요

> 10원이 10개면 100원이에요.

쓰기 **100원**

읽기 **백 원**

앞면 뒷면

동전은 모두 얼마일까요?
읽으면서 따라 써 봐요.

> '일백 원'이라고 읽지 않고,
> '백 원'이라고 읽어요!

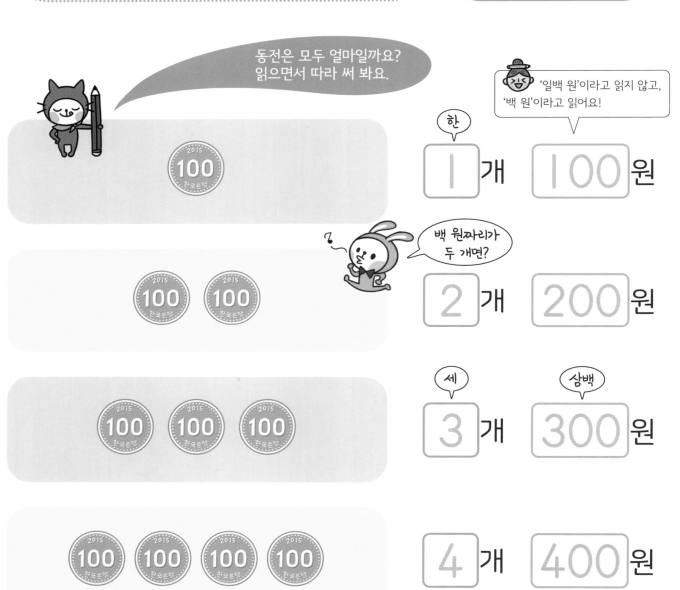

한
1개   **100**원

> 백 원짜리가
> 두 개면?

2개   **200**원

세   삼백
3개   **300**원

4개   **400**원

 10원, 100원은 붙여 쓰고 십 원, 백 원은 띄어 써요. 원 앞이 숫자면 붙여 쓰고, 한글이면 띄어 써요.

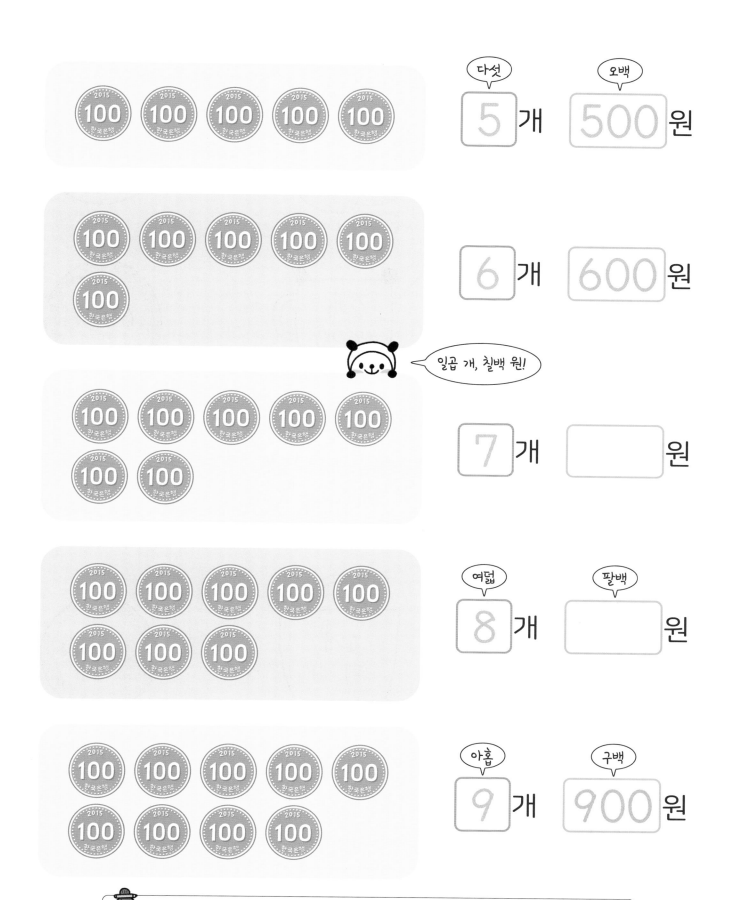

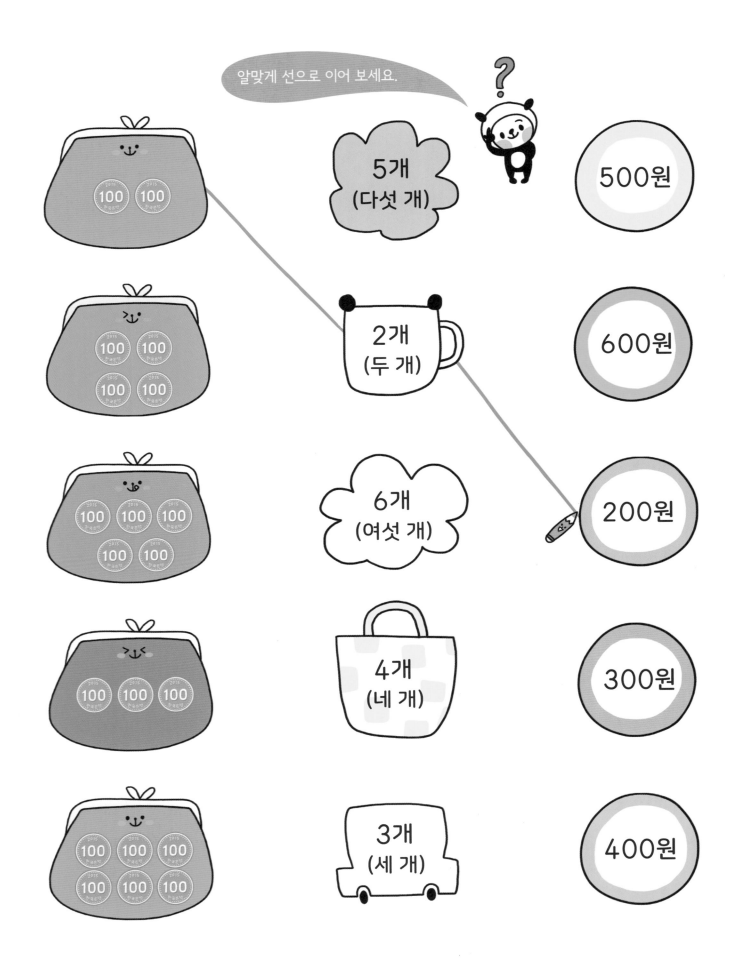

대청소를 돕고 받을 수 있는
용돈에 알맞게 색칠해 보세요.

청소기 돌리기
900원

걸레질 하기
800원

먼지털기
600원

8개, 800원!

    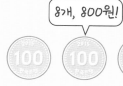

50원짜리 동전을 알고 세어 보아요

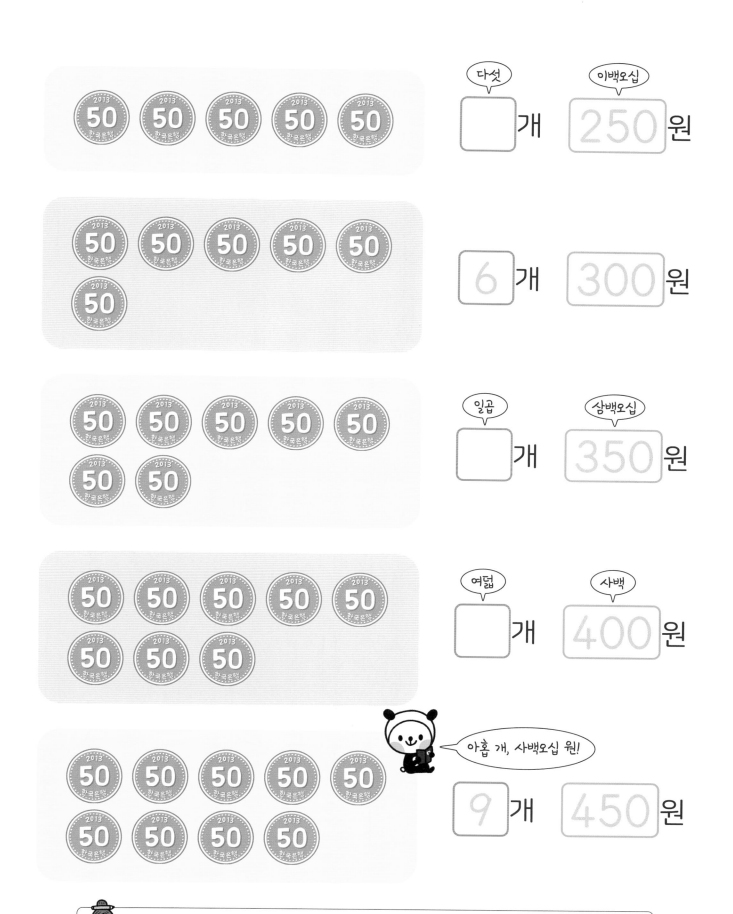

다섯

□ 개   이백오십 250 원

6 개   300 원

일곱

□ 개   삼백오십 350 원

여덟

□ 개   사백 400 원

아홉 개, 사백오십 원!

9 개   450 원

50원을 세어 얼마인지 알아내는 활동은 7살 아이에게 어려울 수 있어요. 50원-100원-150원-200원…과 같이 실제 50원짜리 동전이나 동전 모형으로 50씩 뛰어 세는 놀이로 연습하면 좋아요!

동전을 2개씩 묶은 다음
모두 얼마인지 ◯ 해 보세요.

아이에게 다음과 같이 질문해 보세요.
"하나씩 세는 방법보다 더 빠르고 정확하게
세는 방법은 없을까?"

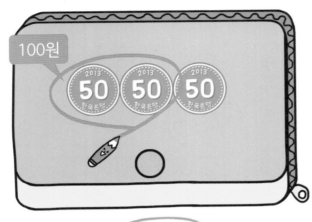

(100원   150원   200원)

100원을 만들고 50원짜리 동전
한 개가 남으면 얼마일까?

(200원   250원   300원)

2개씩 묶으면
3묶음이 되고
50원이 남아요!

(250원   300원   400원)

(300원   350원   400원)

 50원이 2개이면 100원이고, 2개씩 묶어 세면 더 빠르게 금액을 확인할 수 있다는 것을 알려 주세요.

동물 친구들이 용돈으로 지우개와 구슬을
사려고 해요. 그림을 보고 질문에 답하세요.

지우개는
얼마예요?

구슬은
얼마예요?

지우개는
50원짜리 동전
5개가 필요합니다.

구슬은 10원짜리
동전 9개가
필요합니다.

더 비싼 물건에 ◯ 하세요.
(지우개 🔲   구슬 ◯)

우리집
도움말

동전의 개수가 더 많다고 더 큰 돈은
아니라는 것을 알게 해 주세요.

4일 500원짜리 동전을 알아보아요

100원이 5개면 500원이에요.

쓰기 500원
읽기 오백 원
앞면　뒷면

동전은 모두 얼마일까요?
읽으면서 따라 써 봐요.

 뒷면
한 **1** 개　오백 **500** 원

두 ☐ 개　천 **1000** 원

 앞면
한 **1** 개　오백 ☐ 원

두 **2** 개　천 **1000** 원

 동전의 앞면과 뒷면이 섞여 있어도 동전의 개수만 잘 세어서 답하면 된다고 알려 주세요.

알맞은 것끼리 모두
선으로 이어 보세요.

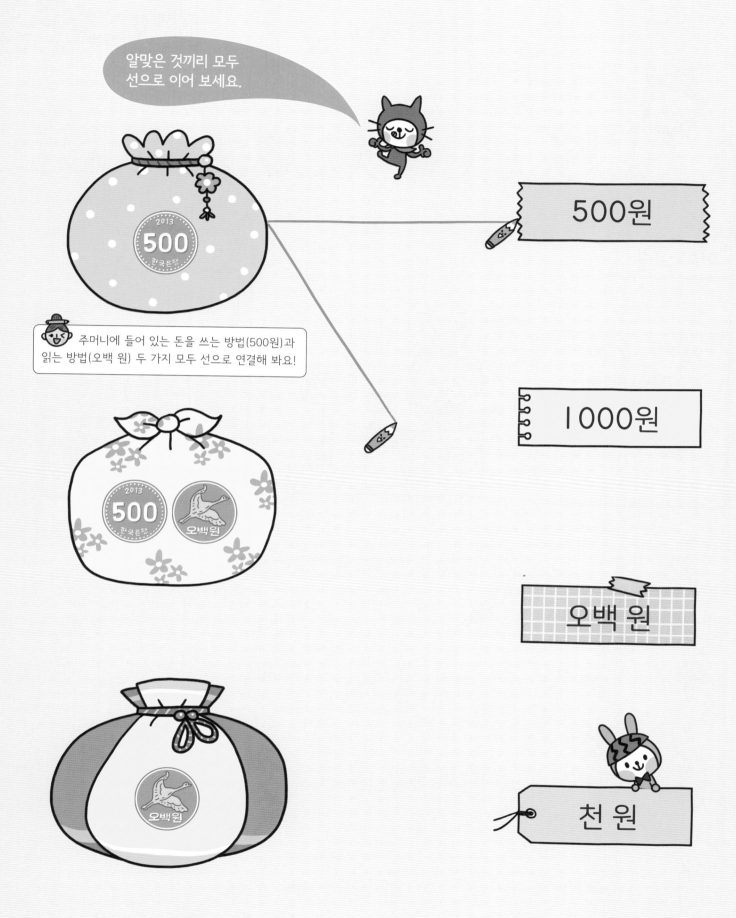

주머니에 들어 있는 돈을 쓰는 방법(500원)과
읽는 방법(오백 원) 두 가지 모두 선으로 연결해 봐요!

500원

1000원

오백 원

천 원

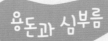

아이스크림과 음료수를 사고
내야 하는 돈에 ○ 하세요.

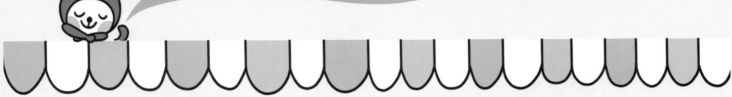

을 1개 사려면 (500원 1000원)을 내야 해요.

을 2개 사려면 (500원 1000원)을 내야 해요.

를 1잔 사려면 500원짜리 동전을 (1개 2개) 내야 해요.

를 1잔 사려면 (500원 1000원)을 내야 해요.

둘째마당 동전을 셀 수 있어요!

동전이 얼마인지 세는 것은 실제로는 아주 큰 수를 계산하는 거예요. 두 자리의 수는 초등학교 1학년, 세 자리의 수는 2학년에 나오는 내용이지만, 생활 속에서 자주 사용하는 동전을 가지고 세면 큰 수로 의식하지 않고 계산하게 되지요. 이렇게 생활 속에서 자연스럽게 학습하면 큰 수의 덧셈도 어렵지 않게 받아들일 수 있어요.

실제 동전 10개를 모아 연습하세요!

10개가 넘어가는 개수의 동전을 세거나 두 가지 동전을 섞어 셀 때 일정 금액만큼씩 동전을 먼저 묶어 보게 하세요. 묶은 금액부터 차례로 동전을 하나씩 더해 세어 가면 전체 금액을 조금 더 쉽게 알아낼 수 있어요!

10개가 넘는 동전을 세어 보아요 – 10원

동전은 모두 얼마일까요?
빈칸에 알맞은 수를 쓰세요.

10원이 10개면
100원이에요.

백십

110 원

동전을 10개씩 묶은 다음
세면 쉬워요!

백이십

120 원

백삼십

130 원

백사십

___ 원

150 원

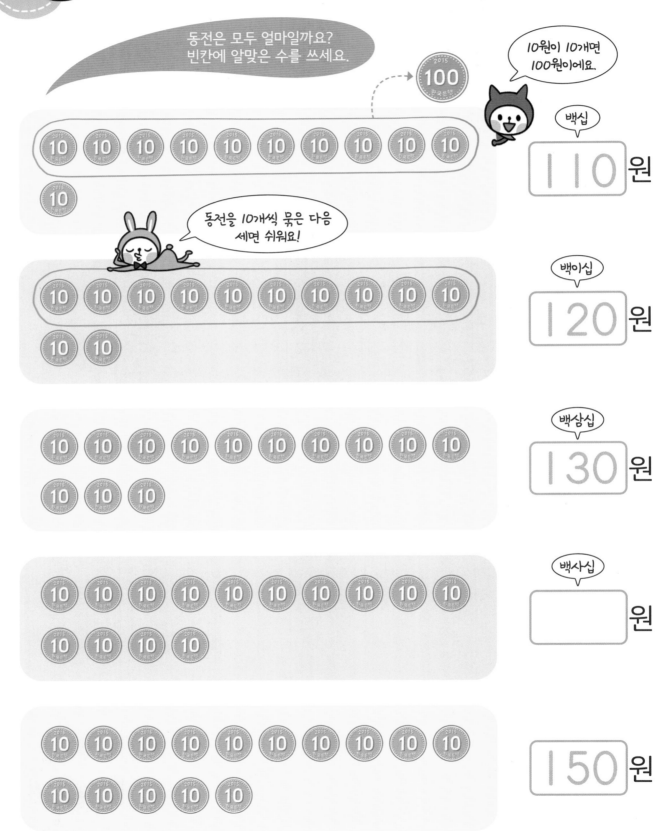

26

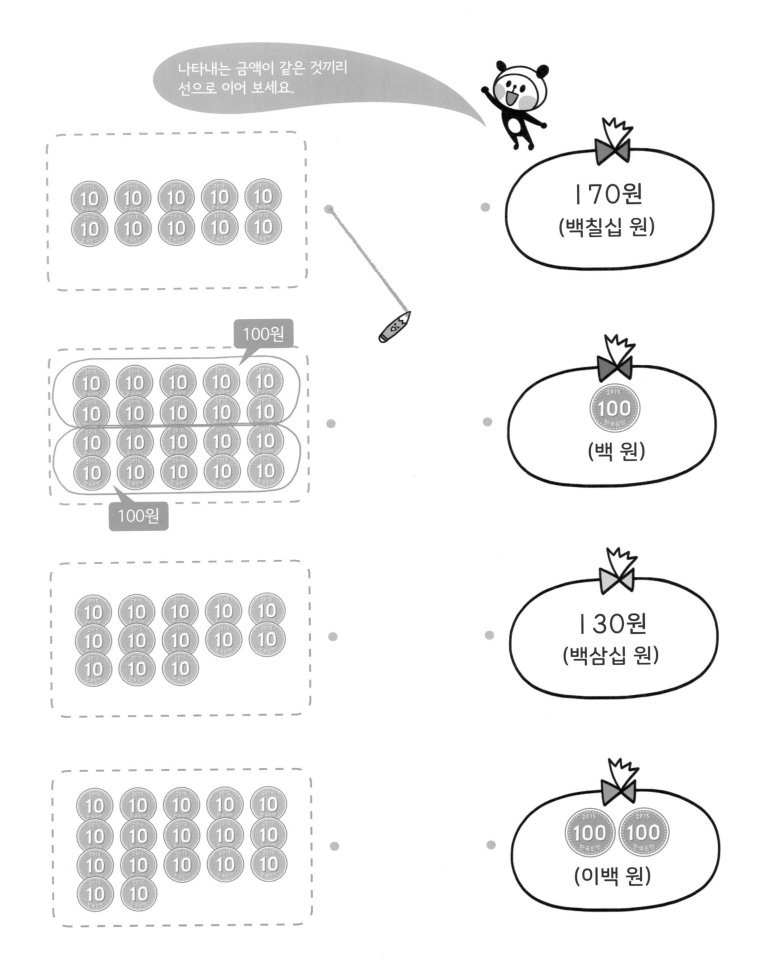

용돈으로 바자회에서 물건을
사려고 해요. 알맞게 답하세요.

색종이를 15장 살 때 내야 하는 돈만큼 색칠하세요.

색종이는 1장에
10원!

색종이를 15장 사려면 (150원   100원)을 내야 해요.

지우개를 1개 사려면 10원짜리 동전을 (10개   18개) 내야 해요.

동전은 모두 얼마일까요?
빈칸에 알맞은 수를 쓰세요.

50원이 10개면
500원이에요.

550 원

오백 원

백 원

육백
□ 원

육백오십
650 원

700 원

칠백오십
750 원

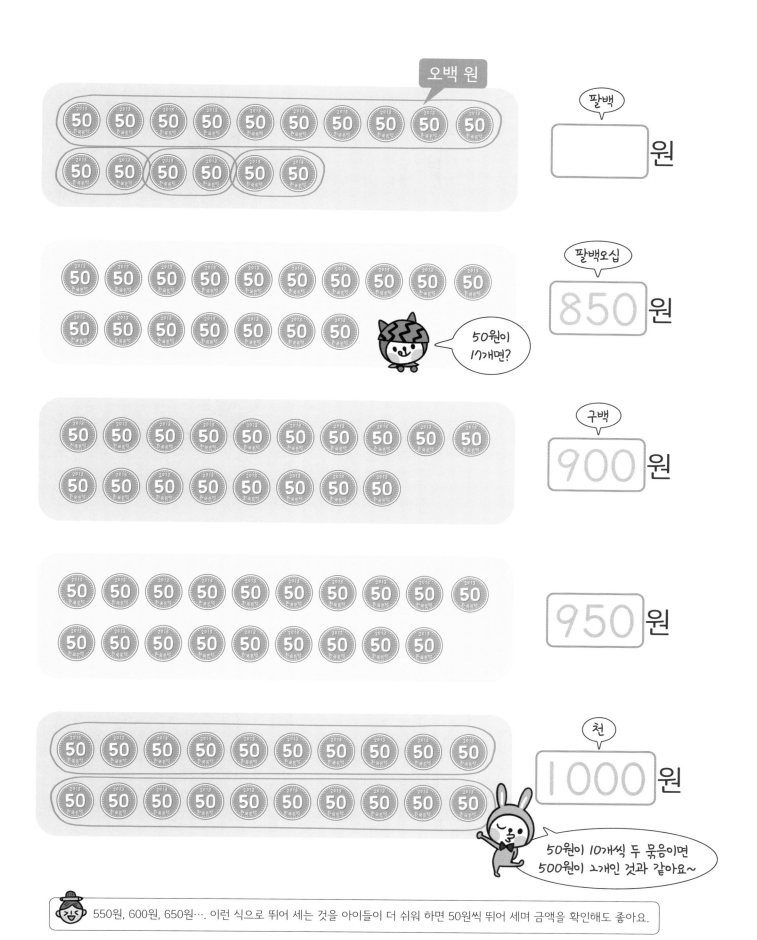

오백 원

팔백
☐ 원

팔백오십
850 원

50원이
17개면?

구백
900 원

950 원

천
1000 원

50원이 10개씩 두 묶음이면
500원이 2개인 것과 같아요~

550원, 600원, 650원… 이런 식으로 뛰어 세는 것을 아이들이 더 쉬워 하면 50원씩 뛰어 세며 금액을 확인해도 좋아요.

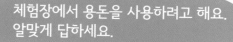

체험장에서 용돈을 사용하려고 해요.
알맞게 답하세요.

쿠키 만들기를 1번 할 때 필요한 금액만큼 색칠하세요.

550원을
내야 해!

고리 던지기를 14번 할 때 필요한 금액만큼 색칠하세요.

50원을
14번 내야 해!

고리 던지기를 14번 하려면 (700원 1000원)을 내야 해요.

두 가지 동전을 세어 보아요 (1)

−(50원, 10원), (100원, 10원)

동전은 모두 얼마일까요?
빈칸에 알맞은 수를 쓰세요.

육십
60원

70원

팔십
□원

90원

백 원

백십
110원

백이십
120원

백 원과
이십 원을
합하면?

백삼십
□원

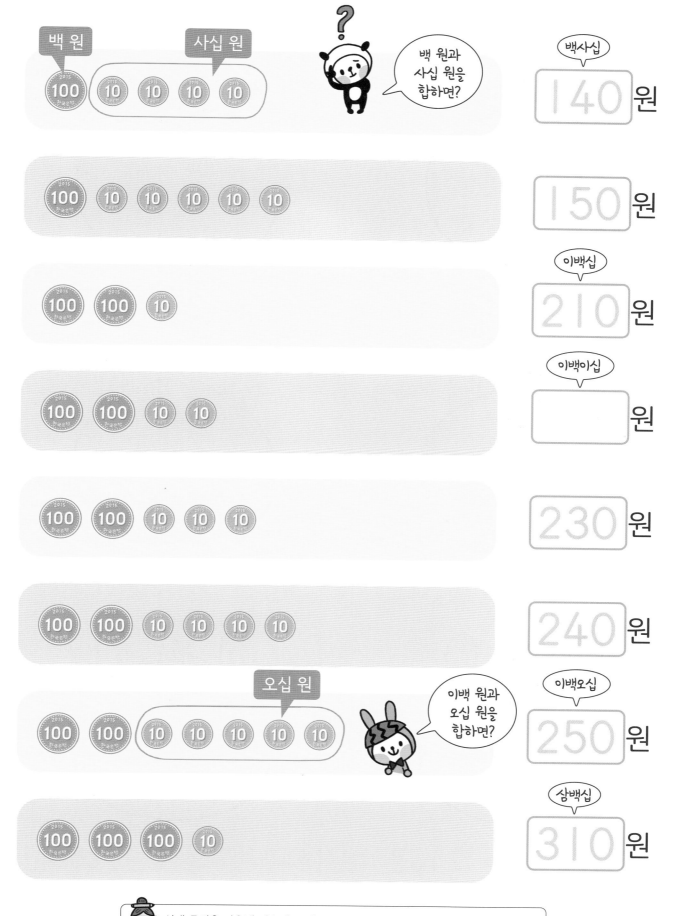

백원   사십 원

백 원과 사십 원을 합하면?

백사십
140 원

150 원

이백십
210 원

이백이십
  원

230 원

240 원

오십 원

이백 원과 오십 원을 합하면?

이백오십
250 원

삼백십
310 원

실제 동전을 이용해 연습해 보세요. 동전에 대한 아이의 흥미가 높아질 거예요~

35

(80원 90원 100원)

백원

(130원 140원 150원)

(150원 160원 170원)

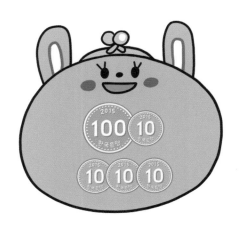

(140원 240원 150원)

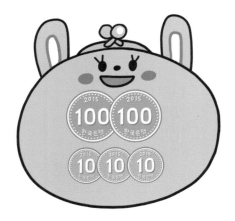

(220원 230원 240원)

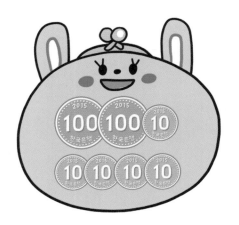

(140원 240원 250원)

동전을 적당히 묶어 세면 금액 확인이 좀 더 쉽다는 사실을 알려 주세요.

물건을 사서 계산하러 가는
길이에요. 더 큰 돈을 따라가세요!

두 가지 동전을 세어 보아요 (2)
-(100원, 50원), (500원, 10원)

동전은 모두 얼마일까요?
빈칸에 알맞은 수를 쓰세요.

백오십
150 원

백 원

200 원

이백오십 원

250 원

삼백

원

350 원

이백 원
오십 원
이백 원과
오십 원을
합하면?

이백오십

원

삼백
300 원

38

나타내는 금액이 같은 것끼리
선으로 이어 보세요.

300원
(삼백 원)

530원
(오백삼십 원)

550원
(오백오십 원)

350원
(삼백오십 원)

용돈으로 맛있는 간식을 사 먹으러 갔어요.

간식 가격을 바르게 말한 친구에게 ♡ 하세요.

   🐰 300원   🐼 400원   🐻 500원

   🐰 540원   🐼 550원   🐻 560원

   🐰 550원   🐼 600원   🐻 700원

9일 두 가지 동전을 세어 보아요 (3)
－(500원, 50원), (500원, 100원)

동전은 모두 얼마일까요?
빈칸에 알맞은 수를 쓰세요.

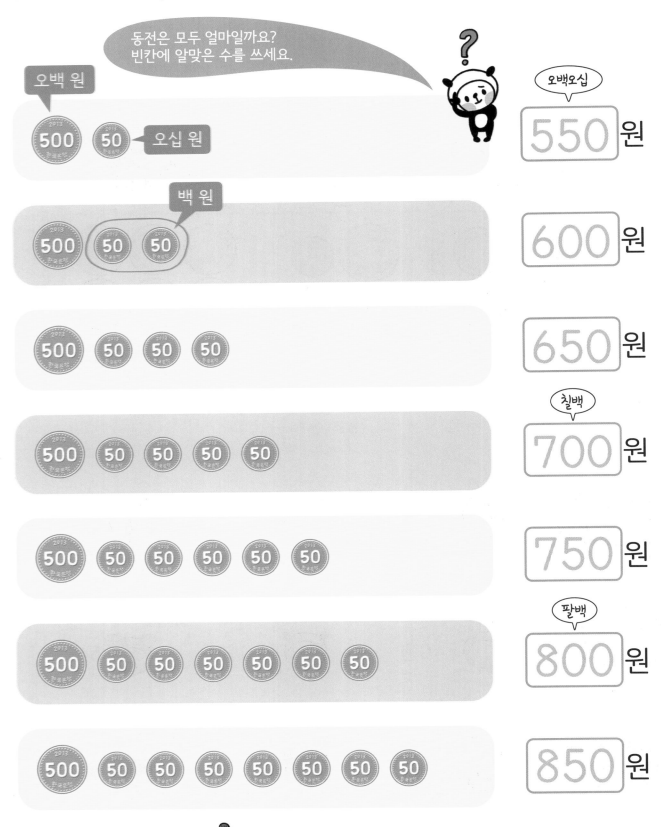

오백 원 · 오십 원 · 오백오십 **550**원

백 원 **600**원

650원

칠백 **700**원

750원

팔백 **800**원

850원

부모님이 큰 소리로 함께 읽어 주셔도 좋아요!

42

900 원

구백오십 원!

950 원

천
1000 원

육백
600 원

이백 원

오백 원과 이백 원을 합하면?

칠백
[   ] 원

800 원

구백 원!

[   ] 원

오백 원

천
1000 원

43

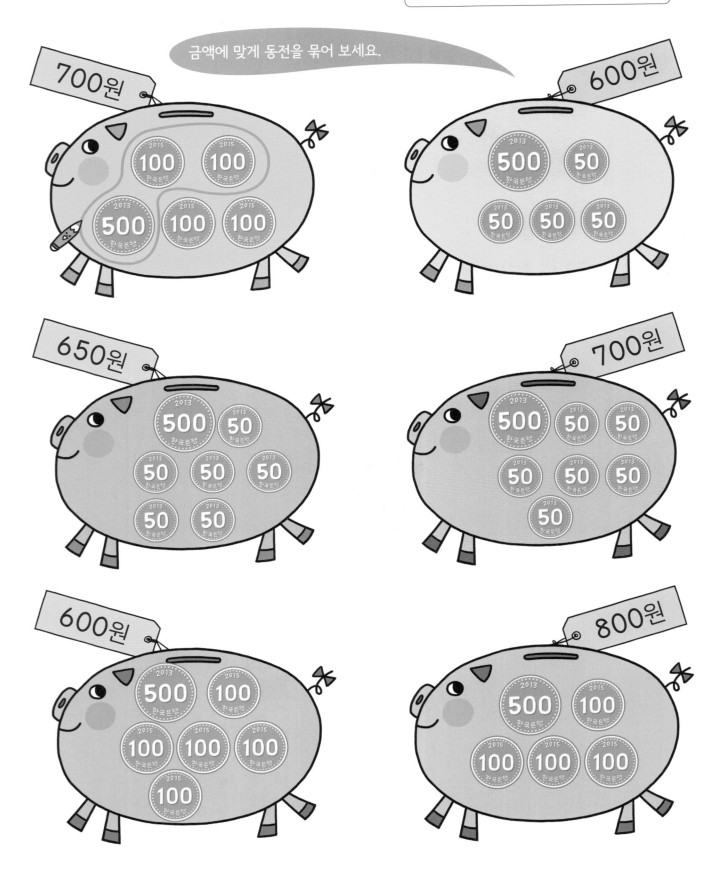

금액에 맞게 동전을 묶어 보세요.

44

각 간식의 값과 전체 금액이
얼마인지 써넣으세요.

 **10**일 동전을 섞어 세어 보아요

동전을 모두 더하면 얼마인지
더한 값을 차례로 쓰세요.

| 100 원 | 150 원 | 160 원 |

모두 160원!

 왼쪽 동전과 더한 값

| 원 | 150 원 | 160 원 | 원 |

| 100 원 | 150 원 | 200 원 | 원 |

| 500 원 | 550 원 | 560 원 |

모두 560원!

| 원 | 원 | 560 원 | 원 |

46

친구가 가지고 있는 용돈은
모두 얼마인지 쓰세요.

모두 ☐ 원이 있어.

친구가 가진 용돈으로 사 먹을 수 있는 간식에 모두 ○ 하세요.

600원

730원

950원

800원

900원

450원

48

셋째 마당) 우리나라 지폐를 알아요!

우리나라에서 사용하는 지폐는 1000원, 5000원, 10000원, 50000원짜리가 있어요. 네 자리의 수는 초등 4학년 수학 교과서에서 다루지만 아이들은 이미 지폐를 통해 생활 속에서 네 자리 수 이상의 큰 수를 사용하고 있습니다. 지폐를 이용해 큰 수를 놀이처럼 자연스럽게 익히도록 도와주세요!

실제 지폐를 이용하면 좋아요!

지폐의 수를 세어 얼마인지 알아보는 활동은 초등학교 수학 교육 과정의 1000, 5000, 10000씩 뛰어 세는 내용과 같아요. 실제 지폐나 지폐 모형을 사용하여 지폐의 금액을 직관적으로 이해하도록 도와주세요.

우리나라의 지폐

 지폐는 종이에 인쇄해서 만든 화폐를 말해요.
지폐 역시 동전처럼 크기와 모양이 모두 달라요.

각 나라에서는 화폐를 만들 때 문화나 역사를 대표하는 인물이나 문화 유산의 이미지를 화폐에 넣어서 자신들의 나라를 알리고 있답니다.

퇴계 이황

앞면

매화나무

퇴계 이황이 가장 아꼈던 나무가 매화나무라고 해요.

계상정거도

뒷면

퇴계 이황이 머물렀던 도산 서당을 중심으로 주변 풍경을 담은 그림이에요.

5000원

앞면

율곡 이이

초충도(풀과 풀벌레 그림)

뒷면

율곡의 어머니 신사임당이 그렸다고 전해지는 8폭 병풍(신사임당초충도병)에 있는 그림이에요.

우리나라의 지폐 속에도 신사임당, 세종대왕, 이이, 이황 등 역사적으로 위대한 인물들의 초상화와 그와 관련된 유명한 문화 유산들의 그림이 같이 그려져 있어요~

10000원

앞면

세종대왕

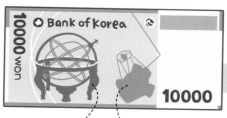

뒷면

혼천의   국내 최대 **천체망원경**
(구경 1.8m)

오만 원권은 우리나라에서 가장 큰 금액의 화폐(최고액권)로 최고액권인 만큼 아주 복잡하게 설계되어 위조*가 어렵다고 해요.

*위조: 본래의 것을 속일 의도로 비슷하게 바꿔 만드는 것

우리나라 지폐는 4가지 종류로 모두 색이 달라요!

신사임당

50000원

월매도

앞면

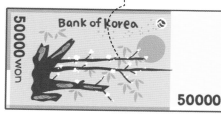

뒷면

신사임당은 우리나라 지폐의 두 번째 여성 모델이에요. 첫 번째 여성 모델은 지금은 사용하지 않는 100환짜리 지폐의 일반인이었어요.

신사임당이 살았던 조선 중기에 그려진 매화 그림 중 가장 유명한 작품이에요.

1000원짜리 지폐를 알고 세어 보아요

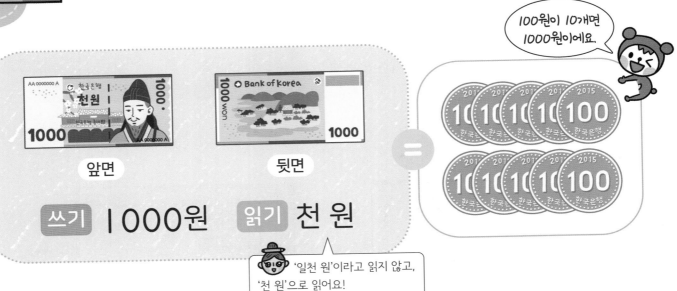

100원이 10개면 1000원이에요.

앞면   뒷면

쓰기 1000원   읽기 천 원

'일천 원'이라고 읽지 않고, '천 원'으로 읽어요!

천 원에 모두 ◯ 하세요.

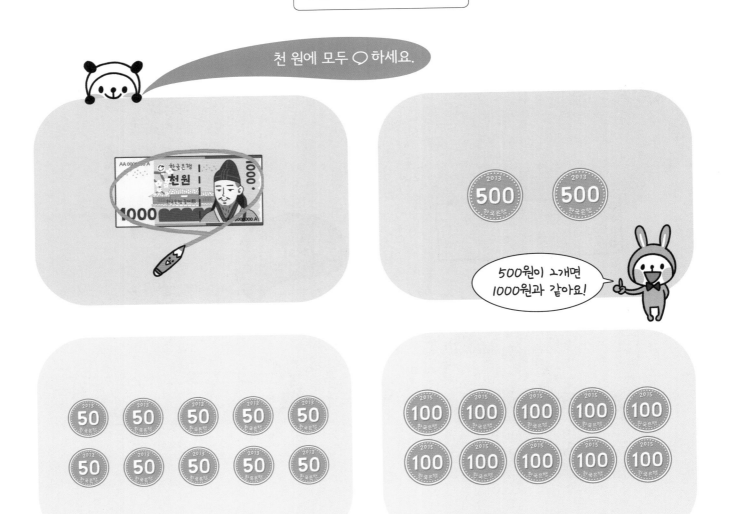

500원이 2개면 1000원과 같아요!

지폐는 모두 얼마일까요? 읽으면서 따라 쓰세요.

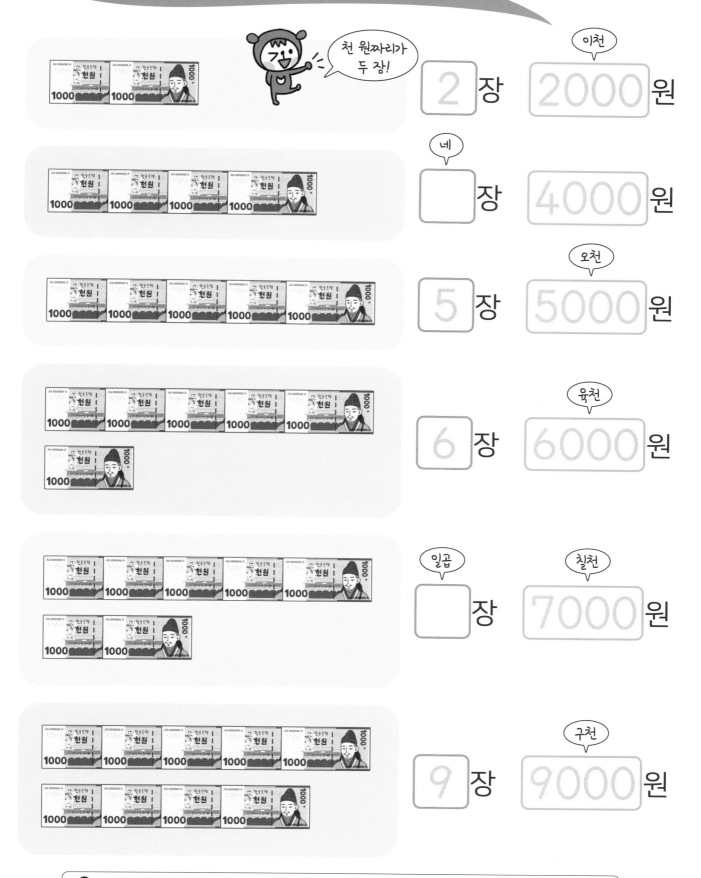

천 원짜리가
두 장!

이천
2 장 2000 원

네
□ 장 4000 원

오천
5 장 5000 원

육천
6 장 6000 원

일곱
□ 장 칠천 7000 원

구천
9 장 9000 원

1000원의 개수를 세어 얼마인지 알아보는 활동은 초등 수학 과정의 '1000씩 뛰어세기'와 같은 개념이에요.
실제 지폐나 지폐 모형을 이용해 직관적으로 금액을 익힐 수 있도록 도와 주세요.

지갑에 얼마가 들어 있나요? ◯ 하세요.

(1000원 이천 원)

(4000원 삼천 원)

(4000원 육천 원)

(5000원 이천 원)

(3000원 육천 원)

(9000원 팔천 원)

가지고 있는 용돈에 딱 맞게 뽑을 수
있는 장난감을 선으로 이어 보세요.

5000원짜리 지폐를 알고 세어 보아요

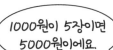

1000원이 5장이면 5000원이에요.

앞면   뒷면

=

쓰기 5000원   읽기 오천 원

오천 원에 모두 ○ 하세요.

1000원씩 몇 묶음일까?

 500원이 2개이면 1000원과 같으므로, 2개씩 5묶음이면 5000원임을 알려 주세요.

지폐는 모두 얼마일까요? 읽으면서 따라 쓰세요.

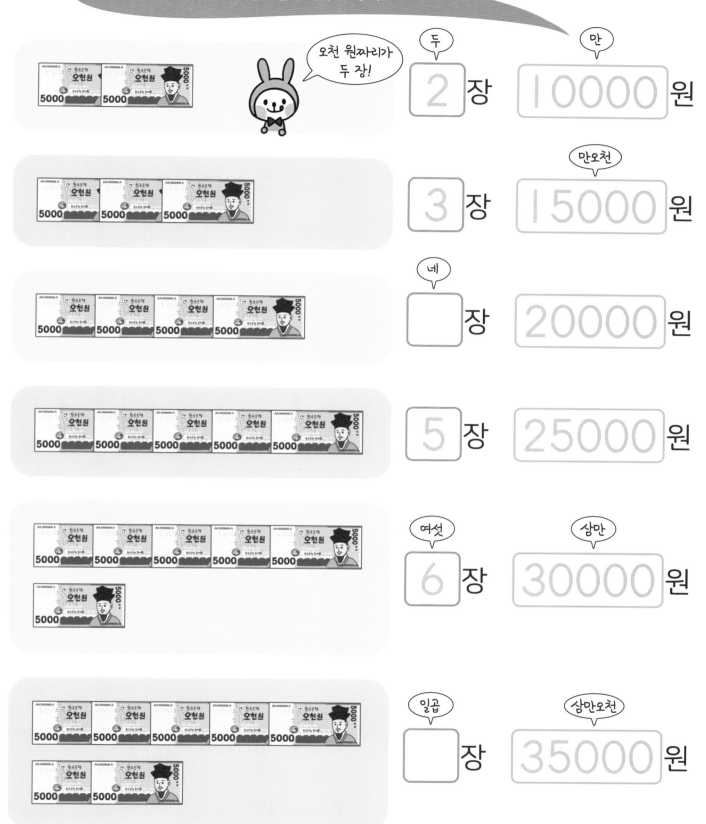

오천 원짜리가 두 장!

(두) 2 장 (만) 10000 원

(만오천) 3 장 15000 원

(네) ☐ 장 20000 원

5 장 25000 원

(여섯) 6 장 (삼만) 30000 원

(일곱) ☐ 장 (삼만오천) 35000 원

 5000원, 10000원, 15000원… 이렇게 5000원씩 뛰어 세며 얼마인지 따라 써넣게 지도해 주세요.

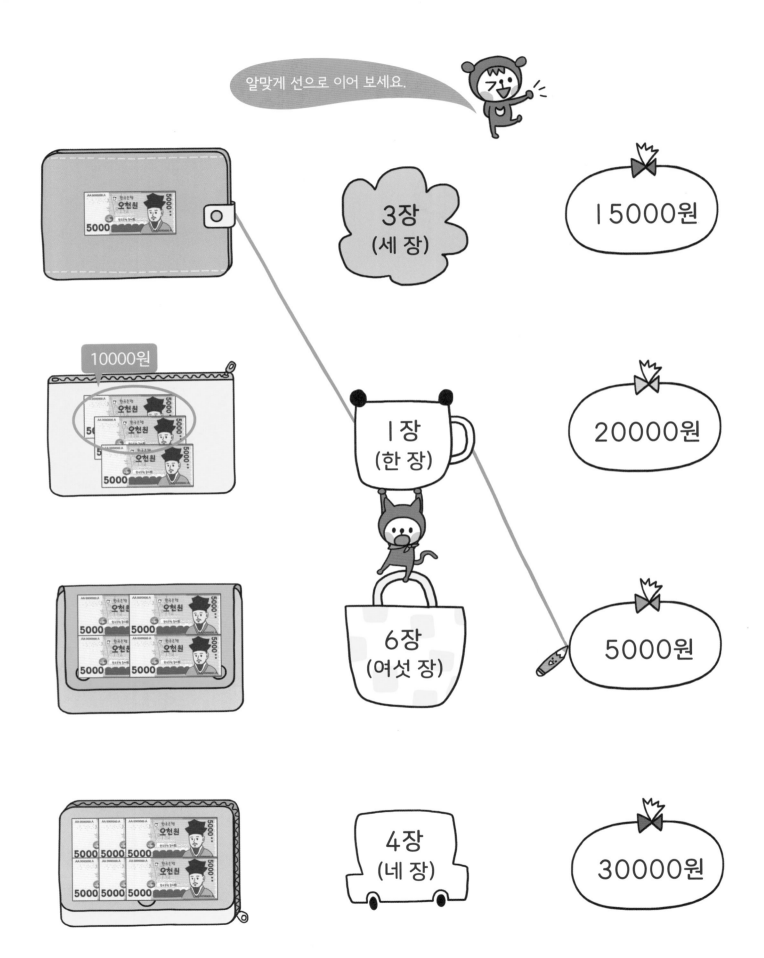

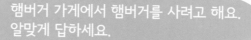

햄버거 가게에서 햄버거를 사려고 해요.
알맞게 답하세요.

🍴 햄버거 메뉴

치즈버거
5000원

더블버거
10000원

더블버거 세트
15000원

치즈버거를 3개 살 때 내야 하는 돈만큼 색칠하세요.

치즈버거를 2개 사려면 (10000원   15000원)을 내야 해요.

더블버거를 1개 사려면 5000원짜리 지폐 (2장   3장)을 내야 해요.

더블버거 세트를 살 때 내야 하는 돈만큼 색칠하세요.

10000원짜리 지폐를 알고 세어 보아요

1000원이 10장이면 10000원이에요.

 앞면

 뒷면

 쓰기 **10000원** 읽기 **만 원**

'일만 원'이라고 읽지 않고, '만 원'으로 읽어요!

만 원에 모두 ○ 하세요.

5000원이 2장이면 10000원과 같아요!

지폐는 모두 얼마일까요? 읽으면서 따라 쓰세요.

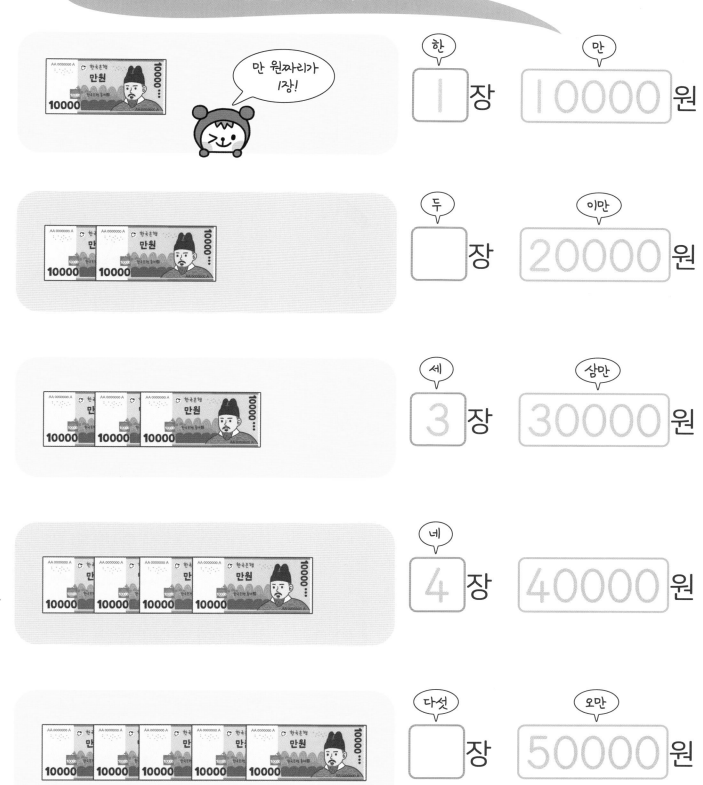

 10000원, 20000원, 30000원…. 이렇게 10000원씩 차례로 세며 얼마인지 따라 써넣게 지도해 주세요.

61

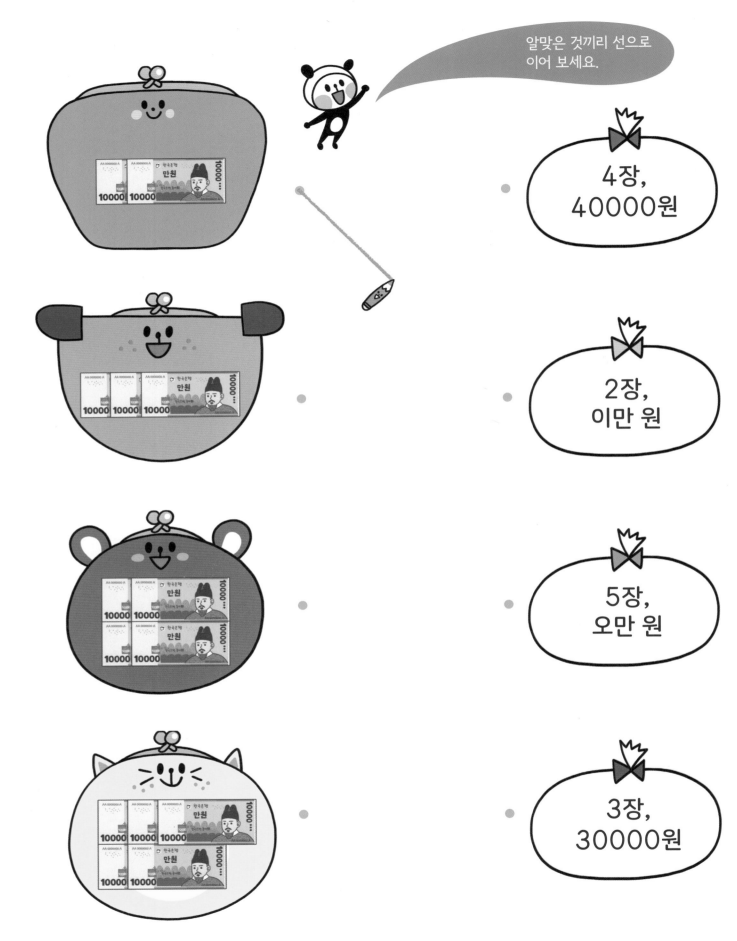

알맞은 것끼리 선으로 이어 보세요.

4장,
40000원

2장,
이만 원

5장,
오만 원

3장,
30000원

용돈을 모아 사파리에 놀러갔어요.
알맞게 답하세요.

어린이 1명 : 10000원
어른 1명 : 20000원

어린이 4명이 사파리 버스를 탈 때 내야 하는 돈만큼 색칠하세요.

어린이 4명이 사파리 버스를 타려면 (30000원 40000원)을
내야 해요.

어른 1명이 사파리 버스를 타려면 10000원짜리 지폐 (2장 3장) 을
내야 해요.

50000원짜리 지폐를 알아보아요

10000원이 5장이면
50000원이에요.

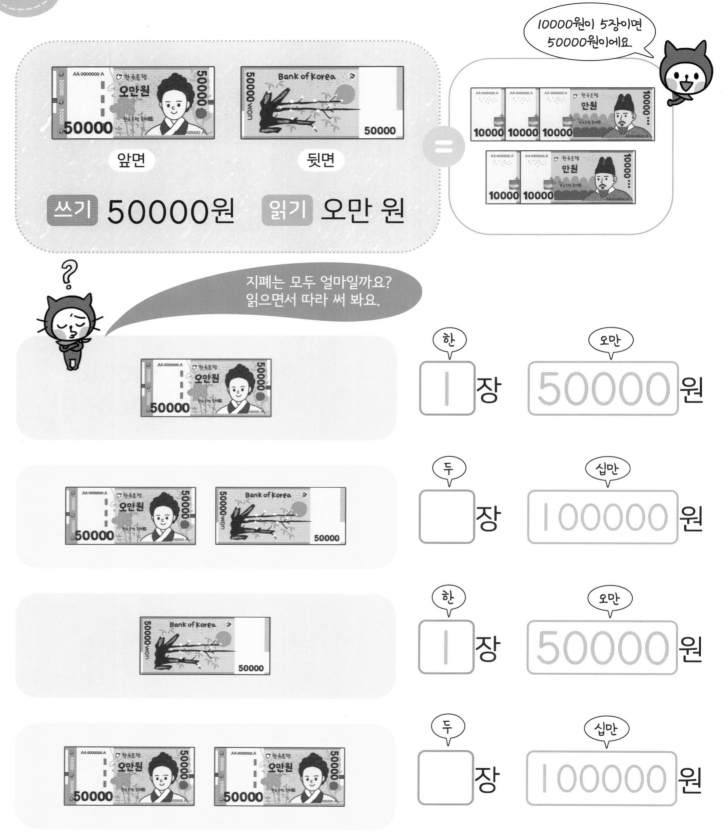

앞면   뒷면

쓰기 **50000원**   읽기 **오만 원**

지폐는 모두 얼마일까요?
읽으면서 따라 써 봐요.

한
Ⅰ 장

오만
50000 원

두
장

십만
100000 원

한
Ⅰ 장

오만
50000 원

두
장

십만
100000 원

화폐 교환기로 오만 원짜리 지폐를 바꿨어요.
알맞게 바꾼 것에 모두 ◯ 하세요.

(   )

(   )

1000원이
10장이면
10000원!

(   )

 오만 원짜리 지폐 1장은 만 원짜리 5장, 오천 원짜리 10장, 천 원짜리 50장과 같아요.

더 큰 용돈을 모을 수 있도록
길을 따라가 보세요.

넷째 마당 · 지폐를 셀 수 있어요!

1000원짜리 지폐가 5장이면 5000원, 5000원짜리 지폐가 2장이면 10000원과 같은 내용을 알면, 수의 크기와 덧셈, 뺄셈도 자연스럽게 받아들일 수 있답니다.

세 자리 수의 덧셈과 뺄셈은 3학년 2학기에 나오는 내용으로, 7살 아이들에게는 어려운 개념이에요! 학습이라는 강박관념에서 벗어나 놀이로 접근하도록 천천히 격려하며 진행해 주세요~

실제 지폐를 여러 장 모아 보여주세요!

지폐와 동전을 함께 세거나 두 가지 지폐를 함께 세어 얼마인지 알아볼 때 일정 금액만큼씩 동전이나 지폐를 먼저 묶어 보고 전체 금액을 파악하도록 하면 조금 더 쉽게 접근할 수 있어요! 실제 지폐를 이용하면 더 효과적이에요!

지폐와 동전을 섞어 세어 보아요 (1)

-1000원과 동전 한 가지 세기

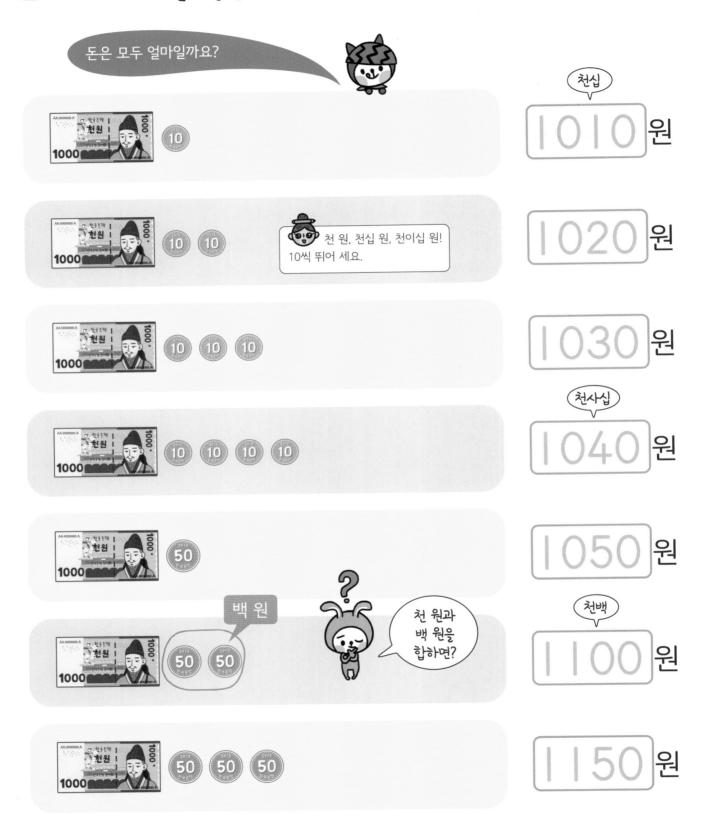

돈은 모두 얼마일까요?

천십
1010 원

천 원, 천십 원, 천이십 원!
10씩 뛰어 세요.
1020 원

1030 원

천사십
1040 원

1050 원

백 원
천 원과 백 원을 합하면?
천백
1100 원

1150 원

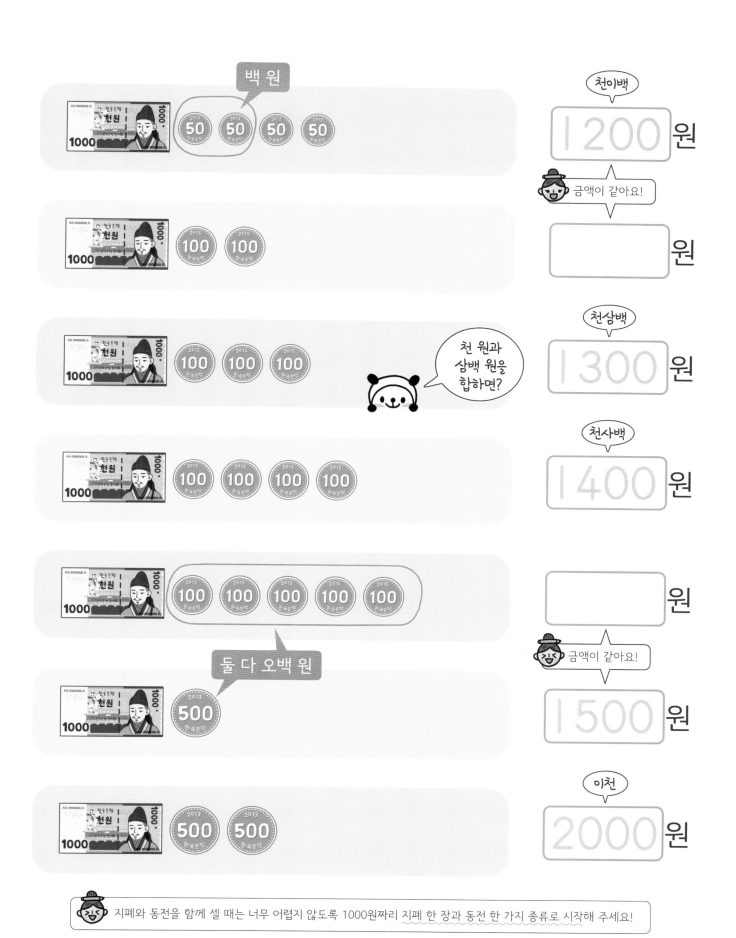

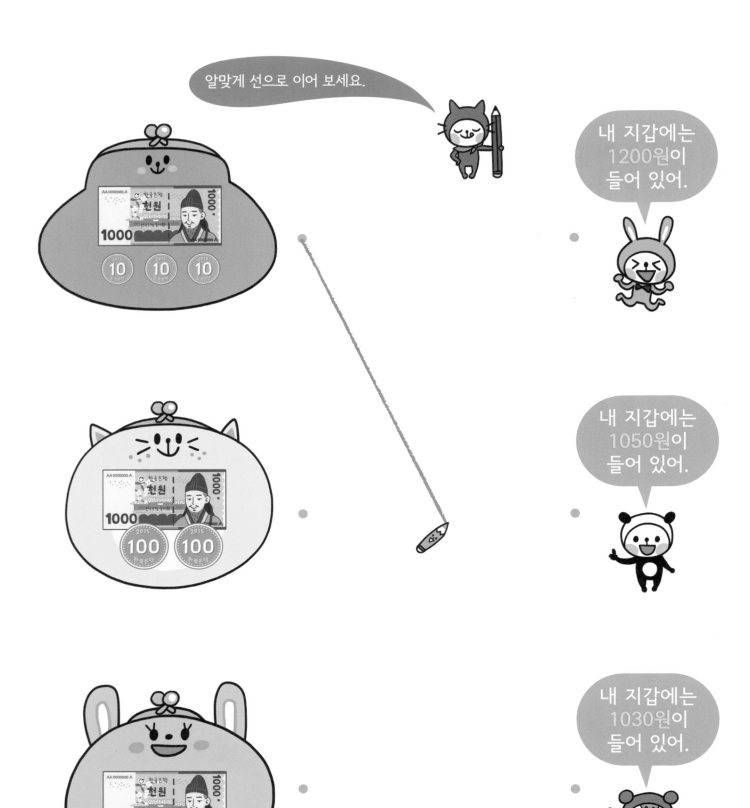

알맞게 선으로 이어 보세요.

내 지갑에는 1200원이 들어 있어.

내 지갑에는 1050원이 들어 있어.

내 지갑에는 1030원이 들어 있어.

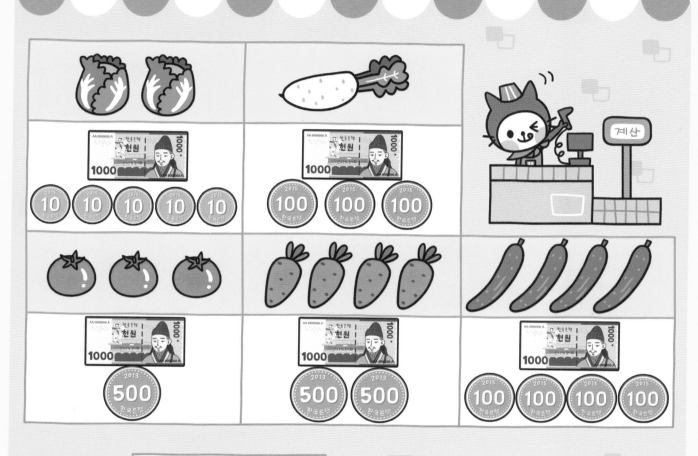

1000원짜리 1장,
10원짜리 5개!

1050 원

1000원짜리 1장,
100원짜리 3개!

1300 원

원

원

원

지폐와 동전을 섞어 세어 보아요 (2)

-1000원과 동전 두 가지 세기

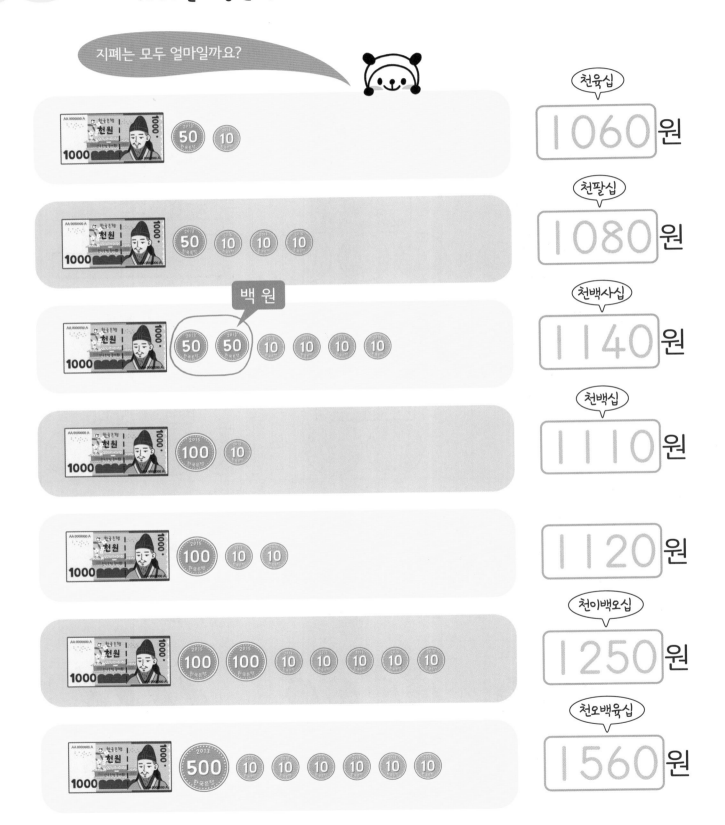

지폐는 모두 얼마일까요?

천육십
1060원

천팔십
1080원

백 원

천백사십
1140원

천백십
1110원

1120원

천이백오십
1250원

천오백육십
1560원

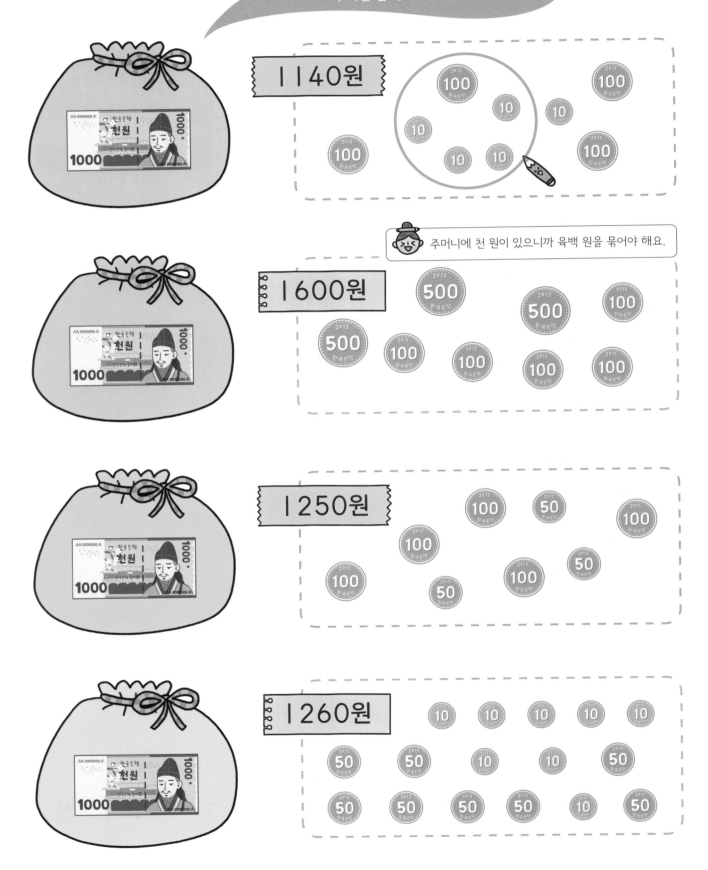

1140원

1600원

주머니에 천 원이 있으니까 육백 원을 묶어야 해요.

1250원

1260원

74

친구들이 학용품을 사고
내야 할 돈을 각각 써 보세요.

두 가지 지폐를 세어 보아요 (1)

-5000원과 1000원

지폐는 모두 얼마일까요?

육천

6000 원

7000 원

팔천

8000 원

9000 원

5000원

오천 원에
오천 원을
더하면?

만

10000 원

10000원

만천

11000 원

 처음으로 두 가지 지폐를 함께 세어 보는 차시입니다. 1000원짜리 지폐가 5장이면 5000원, 5000원짜리 지폐가 2장이면 10000원과 같다는 것을 함께 묶어 보면서 이해시켜 주세요.

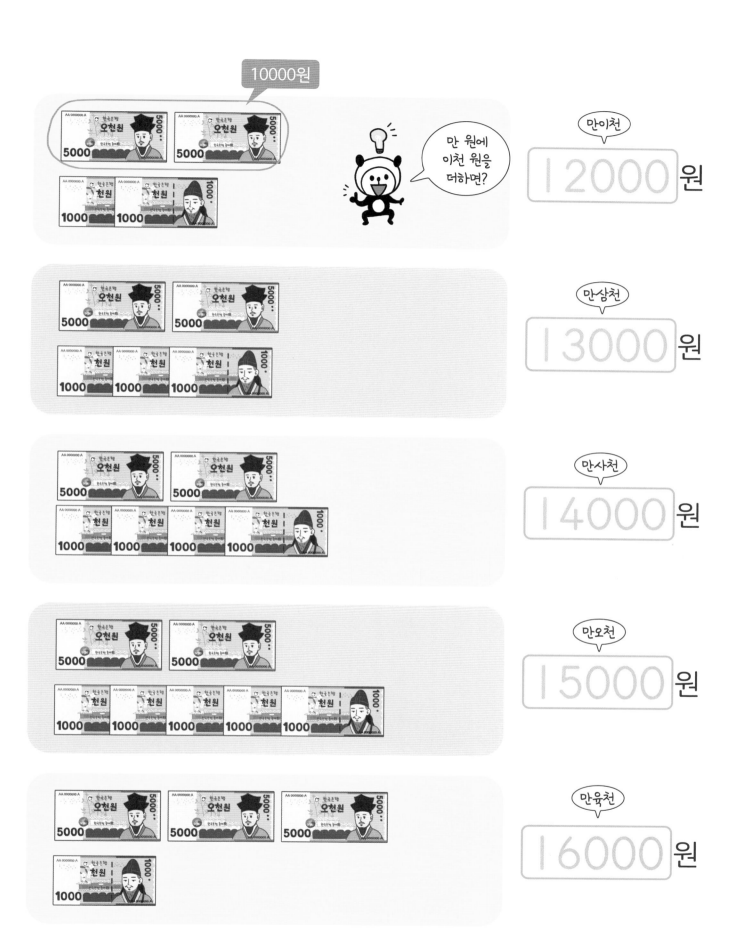

지갑 안에 천 원짜리 지폐를 더 넣으면 얼마가 될까요?

6000 원

원

13000 원

원

17000 원

원

각 음식의 값과 전체 금액이
얼마인지 써넣으세요.

Food

각 음식의 값

5000 원   원   3000 원

모두
13000 원
입니다.

전체 금액

각 음식의 값

원   3000 원   원

모두
원
입니다.

전체 금액

18일 두 가지 지폐를 세어 보아요 (2)

−10000원과 1000원

지폐는 모두 얼마일까요?

만 원, 만천 원! 1000씩 뛰어 세요.

만천
11000 원

만이천
12000 원

13000 원

만 원에 오천 원을 더하면?

만사천
14000 원

만오천
15000 원

만육천
16000 원

이만천

21000 원

22000 원

이만삼천

23000 원

이만사천

24000 원

이만오천

25000 원

이만육천

26000 원

금고 안에 있는 금액과 같은 것끼리 선으로 이어 보세요.

22000원
(이만이천 원)

15000원
(만오천 원)

24000원
(이만사천 원)

23000원
(이만삼천 원)

용돈을 모아 입체 영화를 보러갔어요.
알맞게 ○ 하세요.

어른 2명이 입체 영화를 볼 때 내야 하는 돈만큼 ○ 하세요.

어린이 2명이 입체 영화를 볼 때 내야 하는 돈만큼 ○ 하세요.

어른 2명과 어린이 2명이 입체 영화를 보려면 (26000원 36000원)
을 내야 해요.

두 가지 지폐를 세어 보아요 (3)

–10000원과 5000원

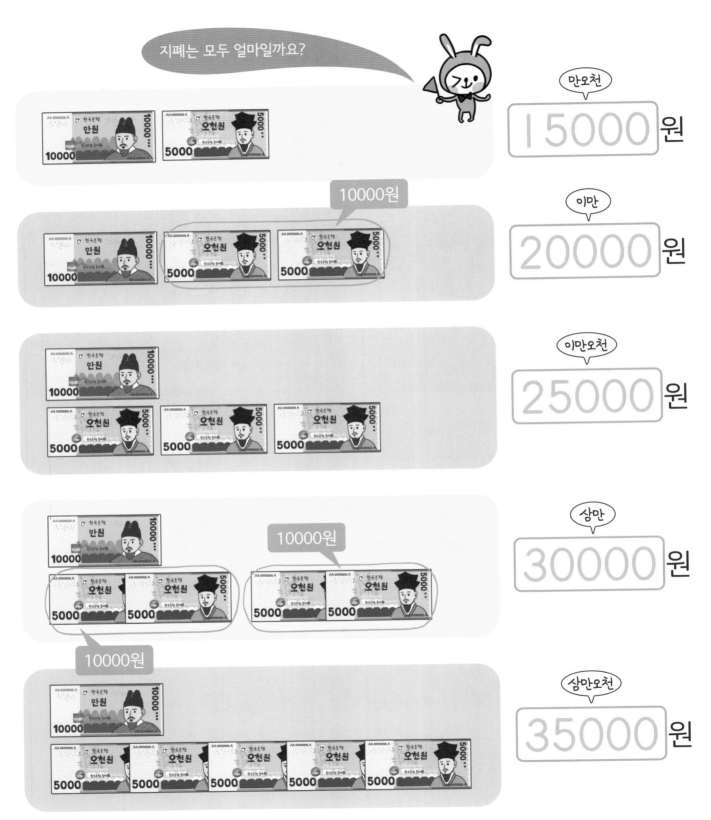

지폐는 모두 얼마일까요?

만오천

15000 원

10000원

이만

20000 원

이만오천

25000 원

10000원

삼만

30000 원

10000원

삼만오천

35000 원

5000원짜리 지폐가 2장이면 10000원과 같다는 것을 함께 묶어 보면서 이해시켜 주세요.

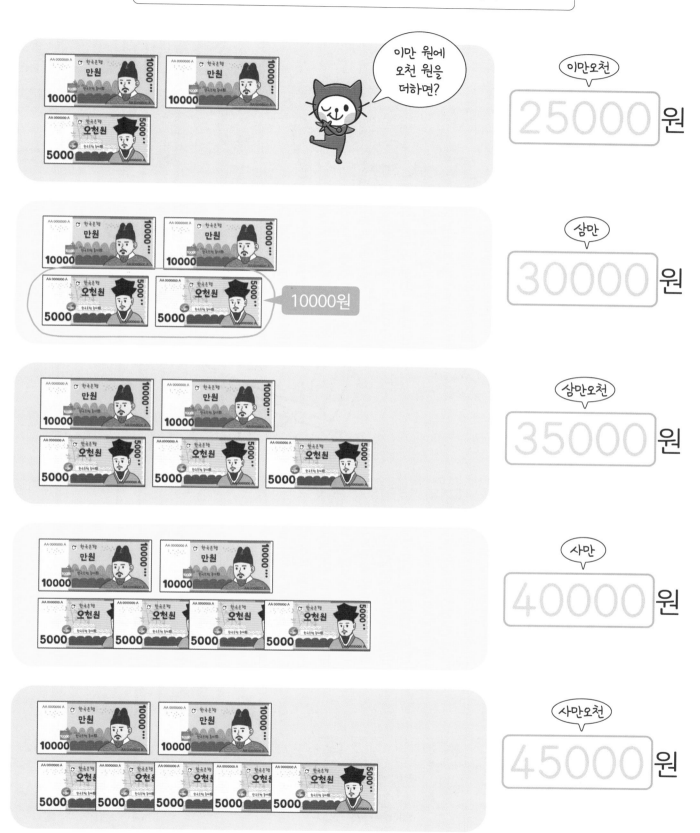

동물 친구들이 설날에 세배를 하고
받은 세뱃돈은 각각 얼마일까요?

새해 복 많이 받으세요!

야호! 세뱃돈

15000 원

____ 원

____ 원

 큰 돈부터 차례로 지폐의 수를 세면서 얼마인지 확인하게 해 주세요.

86

7살 첫 수학
동전과 지폐 세기

정답

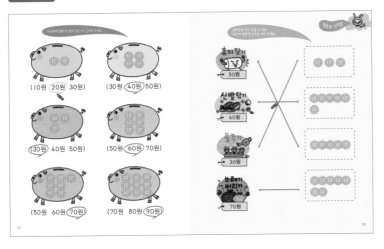

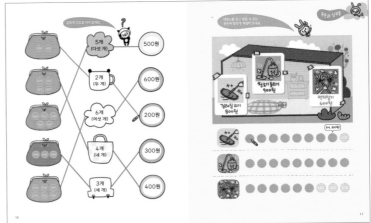

※세로로 묶어도 돼요!

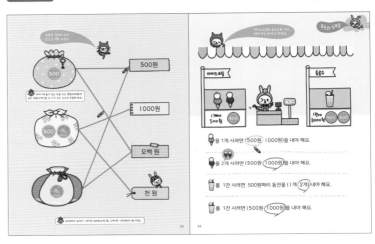

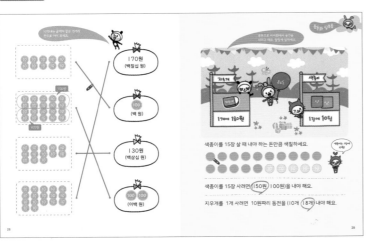

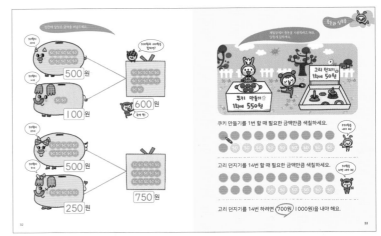

7일 36~37쪽

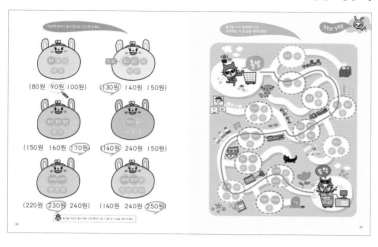

8일 40~41쪽

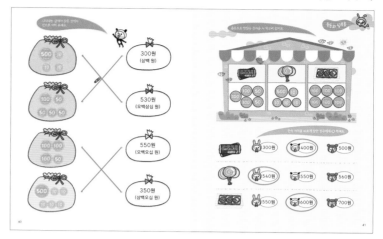

9일 44~45쪽

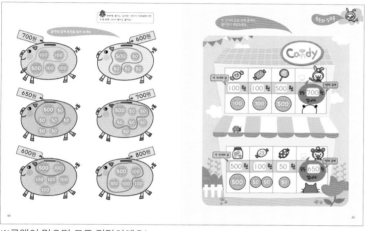

10일 48쪽

우리나라의 동전, 벌써 알아요!

※금액이 맞으면 모두 정답이에요!

11일 54~55쪽

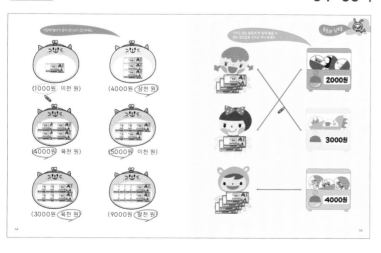

12일 58~59쪽

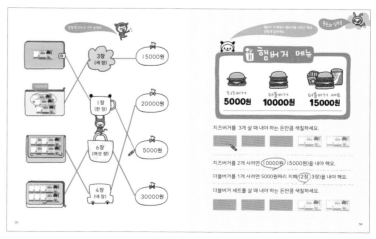

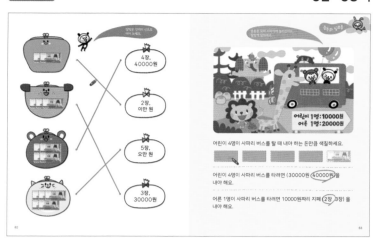

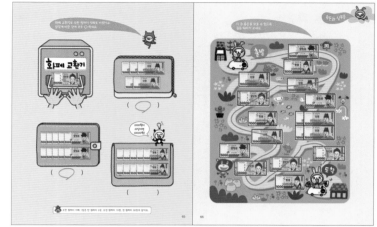

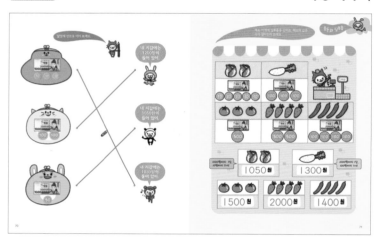

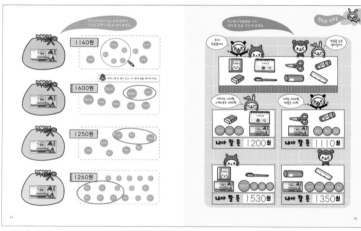

※금액이 맞으면 모두 정답이에요!

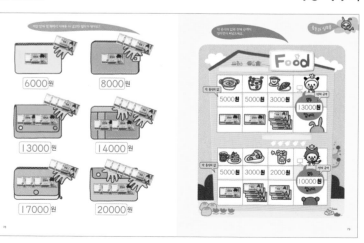

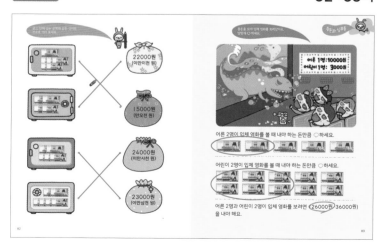

우리나라의 지폐도 벌써 알아요!

7살 첫 수학-시계와 달력

7살 첫 수학 — 시계와 달력 | 8,000원

쓰고 그리며 즐겁게 배워요!

7살 맞춤, 시계와 달력 공부법!

미취학 아동 베스트 1위

이 책으로 공부하면 시계와 달력 보기에 자신감이 생겨요!

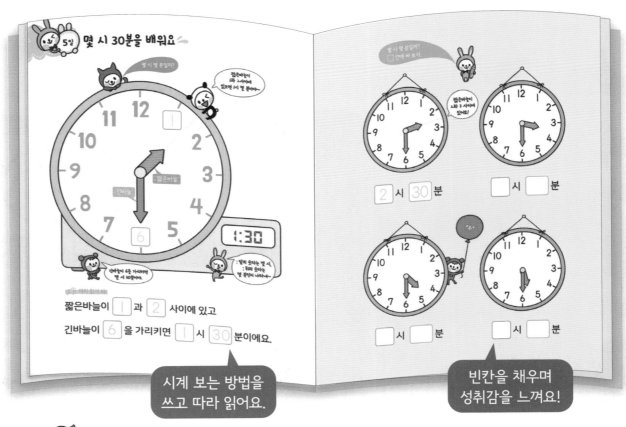

시계 보는 방법을 <u>쓰</u>고 따라 읽어요.

빈칸을 채우며 성취감을 느껴요!

'시계와 달력' 같은 비형식적 수학을 많이 경험할수록 입학 후 수학을 더 잘 배웁니다.
-초등 교과서 집필진, 김진호 교수

1학년 국어 교과서 낱말로 한글 쓰기 완성!
7살 첫 국어 시리즈 (전 2권)

각 권 9,000원 | 전 2권 세트 16,000원

• 아이가 적극적으로 변하는 '4단계 활동 학습'으로 한글 쓰기 완성!

• 꿀팁! 분당 영재사랑 교육연구소 지도 비법 대공개!

고깔모자송과 비비쌤의 비법 챈트로 첫 영어 완성!
7살 첫 영어 시리즈 (전 2권)

알파벳 ABC 11,000원 | 파닉스 13,000원(비비쌤 강의 제공)

• 고깔모자송으로 배우는 알파벳 학습법

• 파닉스 1등 채널 '비비파닉스'의 비법 챈트로 배워요!

수 세기와 덧셈 뺄셈, 시계와 달력, 동전과 지폐 세기
7살 첫 수학 시리즈 (전 5권)

각 권 8,000원~9,800원

• 100까지의 수를 읽고 순서대로 정확히 쓰기

• 100까지 수의 덧셈 뺄셈하기

• '시계와 달력'과 '동전과 지폐 세기'를 배우면 '생활 속 수 감각'이 생겨요!

초등 공부가 쉬워지는 기초 한자 완성!
7살 첫 한자 시리즈 (전 2권)

각 권 9,000원 | 전 2권 세트 17,000원

• 내가 아는 낱말 속 한자를 발견하는 재미

• 숫자·위치·크기·요일·가족·몸을 나타내는 한자를 배워요!

바빠 맞춤법

★ ★ ★
맞춤법, 받아쓰기, 띄어쓰기를 한 번에!

교과서 필수 어휘로 초등 맞춤법 완성!

어린이 글 2만 건 분석 추출

맞춤법
받아쓰기(QR코드 제공)
띄어쓰기

바빠 맞춤법 1, 2권 | 각 권 10,000원 | 세트 18,000원

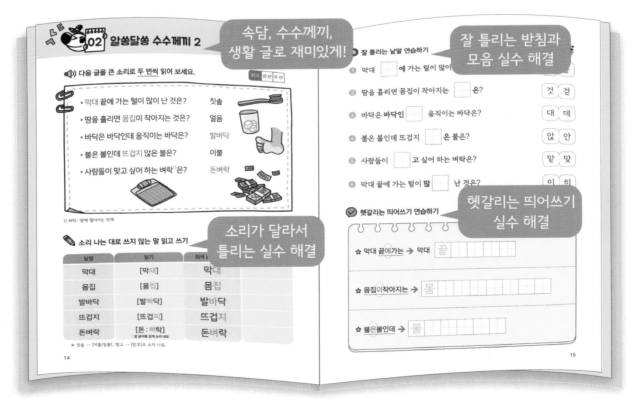

 호 박사
분당 영재사랑 교육연구소에서 지도한 아이들의 문법 습득 과정을 반영해 과학적으로 설계했어요!

읽는 재미를 높인 초등 문해력 향상 프로그램!

바쁜 초등학생을 위한 빠른 독해

재미있고 궁금해서 자꾸 읽고 싶어요!

1단계 초등 1~2학년

★ 읽는 재미
저학년 어린이들이 직접 고른 흥미로운 이야기

★ 초등 교과 연계
읽다 보면 나도 모르게 국어, 사회, 과학 지식이 쑥쑥

★ 문해력 향상
어휘력, 이해력, 사고력, 맞춤법까지 OK

이지스에듀

바빠 독해 1~6단계 | 각 권 9,800원

★ ★ ★ ★
초등 교과 연계 100%

읽는 재미를 높인 초등 문해력 향상 프로그램

실제 아이들이 궁금해서 자꾸 읽고 싶어 한 이야기를 골라 구성!

소리 내어 읽기

바빠 독해 02 여우와 두루미 ②

🔊 다음 글을 소리 내어 읽어 보세요.

며칠 뒤, 이번에는 두루미가 여우를 저녁 식사에 초대했어요.
"내가 맛있는 음식으로 보답할게."
저녁이 되자 여우는 들뜬 마음으로 두루미 집에 갔어요.
두루미의 집에서는 고소한 고기 냄새가 솔솔 풍겼어요.
두루미가 여우를 반갑게 맞이했지요.
"어서 와, 친구야!"
두루미는 곧 음식을 내왔어요.
"네가 좋아하는 고기로 음식을 만들었어. 많이 먹으렴!"
그런데 음식이 목이 좁고 긴 유리병에 담겨 있는 게 아니겠어요?
여우의 뭉툭한 주둥이로는 도저히 먹을 수 없었지요.
자신이 당한 걸 눈치 챈 여우를 보며 두루미가 말했어요.
"내가 정성껏 준비한 음식인데, 안 먹을 거면 이리 줘!"
두루미는 만족스러운 표정으로 여우의 몫까지 모두 먹어 치웠어
요. 여우는 쩝쩝 입맛만 다시며 두루미를 물끄러미 바라보았지요.

내가 대신
먹어 줄게!

낱말 뜻부터 확인!

1 빈칸에 알맞은 말을 넣어 설명을 완성하세요.
어휘력

가만히   은혜   설레다

보답		를 갚음.
들뜨다	기대되고	
물끄러미		한곳을 바라보는 모양.

O표 하며 자세히 이해하기

2 ☐ 안에 들어갈 내용으로 알맞은 것에 O표 하세요.
이해력

❶ 두루미 집에 갈 때 여우의 마음은 [아팠어요   들떴어요].

❷ 두루미의 요리는 여우가 [먹기 좋게   먹을 수 없게] 담겨 있었어요.

❸ 여우는 두루미의 요리를 [마음껏 먹었어요   바라만 보았어요].

3 여우는 음식을 모두 먹어 치우는 두루미를 보며 어떤 생각을 했을까요? (   )
사고력

① '두루미, 요리 천재구나!'
②
③

한 걸음 떨어져서 생각하는 힘 기르기

호 박사
영재사랑 연구소에서 16년간 지도한 내용 중 **누구나 쉽게 성취감을 맛볼 수 있는 활동을 선별**했어요!

바쁜 친구들이 즐거워지는 빠른 학습서

바빠 시리즈

덜 공부해도
더 빨라져요!

📖 **국어 독해력 향상** **바빠 독해**

읽는 재미를 높인 **초등 문해력 향상** 프로그램!

- **초등학생이 직접 고른** 재미있는 이야기들
  – 재미있고 궁금해서 자꾸 읽고 싶어요!
- **초등 교과서와 100% 밀착 연계!**
  – 국어, 사회, 과학 공부에도 도움이 돼요!
- 16년간 어린이들을 밀착 지도한
  호사라 박사의 독해력 처방전!
- **분당 영재사랑 교육연구소 지도 비법** 대공개!
- **비문학 지문도** 재미있게 읽어요!

* 초등학교 방과 후 교재로 인기 있어요!

📖 **수학 결손 보강** **바빠 연산법**

덧셈이든 뺄셈이든 골라 보는 **영역별** 연산책

- 바쁜 초등학생을 위한 빠른 ⟨구구단⟩
  – ⟨시계와 시간⟩, 길이와 시간 계산, ⟨약수와 배수⟩,
  – **평면도형 계산**, 입체도형 계산
  – **자연수의 혼합 계산**, 분수와 소수의 혼합 계산
- 바쁜 3·4학년을 위한 빠른
  – 덧셈, 뺄셈, ⟨곱셈⟩, ⟨나눗셈⟩, 분수, 방정식
- 바쁜 5·6학년을 위한 빠른
  – 곱셈, ⟨나눗셈⟩, ⟨분수⟩, 소수, 방정식 등

* ◯책은 베스트셀러예요!